高达模型

范例制作指南

梁坚华 著

机械工业出版社
CHINA MACHINE PRESS

本书中的模型代表了国内高达模型制作的高水平，也是高达模型制作的典范之作。本书共分5章，包括1∶48横滨元祖胸像、高达舱门全开、独角兽NT-D、RX-78-CO、学员作品欣赏。本书重点围绕高达模型喷涂与制作，从零基础开始，帮助读者打开通往高达模型世界的大门，让读者能够轻松享受模型制作乐趣。读者跟着本书学习模型制作，可以体验到各种机体制作的绝妙技法。

　　本书适合高达模型的广大爱好者阅读。

图书在版编目（CIP）数据

高达模型范例制作指南 / 梁坚华著. —北京：机械工业出版社，2022.10
ISBN 978-7-111-71627-3

Ⅰ.①高⋯　Ⅱ.①梁⋯　Ⅲ.①玩具—模型—制作—指南　Ⅳ.①TS958.06-62

中国版本图书馆CIP数据核字（2022）第174369号

机械工业出版社（北京市百万庄大街22号　邮政编码：100037）
策划编辑：杨　源　责任编辑：杨　源
责任校对：徐红语　责任印制：张　博
北京华联印刷有限公司印刷
2022年10月第 1 版第 1 次印刷
215mm × 280mm · 7.75印张 · 122千字
标准书号：ISBN 978-7-111-71627-3
定价：109.00元

电话服务　　　　　　　　网络服务
服务电话：010-88361066　机　工　官　网：www.cmpbook.com
　　　　　010-88379833　机　工　官　博：weibo.com/cmp1952
　　　　　010-68326294　金　书　网：www.golden-book.com
封底无防伪标均为盗版　　机工教育服务网：www.cmpedu.com

我的愿望是，
每个玩家都能体验高达模型制作带来的乐趣，
具备大神的技巧。

作者简介

梁坚华／虾仔

　　一位来自广东省中山市的80后，深耕模型制作已10余年。多年来不仅持续创作，参加各大比赛，还不断钻研各种不同的模型制作技巧与手法，并在中山市创办了觉醒模型休闲店，开办了高达模型制作培训班，为广大模型爱好者提供一个良好的学习、交流、共同进步的平台，目前已收获来自五湖四海的庞大学员群，部分学员也已飞快成长，具备挑战专业赛事的能力，甚至在专业赛事上获得了奖项。不管是现在还是未来，他会毫无保留地向大家分享自身经验，希望能为高达模型圈的发展尽绵薄之力。将观察生活的思考体现在模型创作的细节上，是他所追求的极致。

觉醒微信号

哔哩哔哩-觉醒之虾仔

抖音号-觉醒之虾仔

荣誉获得

2012

获万代（BANDAI）GBWC
高达模型世界杯华南区
高级组冠军

获万代（BANDAI）GBWC
高达模型世界杯华南区
团体组冠军

2013

获万代（BANDAI）GBWC
高达模型世界杯华南区
团体组冠军

2014

获万代（BANDAI）GBWC
高达模型世界杯华南区
团体赛冠军

获万代（BANDAI）GBWC
高达模型世界杯华南区
高级组川口克己特别奖

2015

获万代（BANDAI）GBWC
高达模型世界杯华南区
亚军

2016

担任万代（BANDAI）GBWC
高达模型世界杯
西南区、华北区评委

接受中山电视台《中山故事》采访

参加国内首档模型制作真人秀
节目《我是大模王》第一季
获"初代大模王"称号

2017

获万代（BANDAI）GBWC
高达模型世界杯西南区
冠军

2018

创立觉醒模型俱乐部

出版畅销书籍
《高达模型制作技巧指南》

2019

《高达模型制作技巧指南
（第2版）》

2020

获万代（BANDAI）GBC40
高达模型制作大师
中国总冠军

接受中山电视台
《中山新闻》采访

2021

获万代（BANDAI）GBC
高达模型制作大师华南区
季军

2022

进行中

推荐序一

这是一个生活网络化，娱乐多样化的社会，放大的选择空间让人们越来越缺乏做事的专注性。而认真地做一款模型，则会让你思维集中，心手相通，在纷扰中揽得一片明净。制作模型这一爱好很适合修身养性，可如今新人制作模型，缺乏正确的引导，技巧升级缓慢，容易产生挫折感。这次虾仔能够编写这本由浅入深的模型书，在很多技法上为大家解惑，实在是业界的一大幸事，希望这本书能让更多的玩家爱上模型。

78动漫创始人老圣

推荐序二

拼装模型就像搭建理想的大厦，从一块块板件，一个个零件开始，通过灵巧的双手，敏锐的眼睛，运用适当的技术和独特的技法，塑造出活灵活现的静态模型作品。作者将多年制作技巧以及技法毫无保留地呈现在书中，为读者更快、更好地掌握拼装的乐趣提供对应的解决方法。

英利模型创始人喷笔小生

推荐序三

廖俊斌 ┃ 觉醒投资人
中山市石岐区青企会长

作为一名模型爱好者，我从小时候看动画片开始就痴迷模型。《勇者系列》《机动战士W》等都是年少时的回忆，也是小伙伴们的课后谈资，甚至延续到现在的游戏《机器人大战》。一个新的机器人动画作品，总是会带来小伙伴们的头脑风暴。虽然会争吵到面红耳赤，但最后只要一包零食就能和好如初。

长大以后，慢慢开始接受现实，明白自己不会突然驾驶高达，不会突然被召唤去异世界，也不会无敌一般地拯救世界，对模型也开始日渐疏远了。新认识的朋友们对模型也没有兴趣，也就不会一起去讨论模型，而且对于繁忙的学业、工作，以及家庭生活来说，制作模型算是一种奢侈行为。

机缘巧合之下，我和虾哥合伙开了觉醒模型店，从之前无人问津，到现在小有名气。4年时间我们一直在探索：究竟怎样的模型店，才符合现在的生存环境？现在觉醒模型店从传统的"卖高达模型"，转变成了一家更加开放多元化的模玩店。新手想学习制作模型可以来这里报班；朋友来了有柠檬茶招待；小孩子来了有适合他们玩的积木或者小型拼装模型；高端玩家来了也有多样的工具供他们选择。一直推动我们前进和改进的，反而是我们一直想推广的理念：玩模型，不孤单。创作与分享同步进行，然后通过线上线下的推广，让大家更清楚地理解玩家的乐趣所在。

希望读者通过阅读这本书，能学到很多模型上的知识，提高自己的模型技巧。也欢迎大家多多关注我们的公众媒体平台，让更多朋友加入我们，谢谢！

前　言

　　笔者之前编写的《高达模型制作技术指南（第2版）》已经把基础以及进阶的技巧进行了细致讲解，而本书的技巧就可以更加深入了，于是在内容的编排上除了制作技巧的讲解外，还增加了颜色搭配、作品思路构建、日常用品的再利用等内容，在开拓思维的同时，让制作模型变得更加有趣。

　　接触过我的朋友们都知道我的风格，那就是用最简单的技巧，做帅气的模型，所以在编写本书的时候，我将模型的制作技巧尽量简化，将自己所掌握的经验与知识，用通俗、巧妙的方式带给大家，让大家享受模型制作的乐趣，让大家接触模型时不会望而却步，能尽快上手制作。这就是我的想法与初衷，毕竟我的愿望是每个玩家都能体验高达模型制作带来的乐趣，具备一定的技巧，希望这本《高达模型范例制作指南》能让大家更上一层楼。感谢一直在我身边给予支持与鼓励的每一位亲友，也感谢购买本书的每一位读者，大家的支持，是我前进的动力！

目　录

第1章

1:48 横滨元祖胸像

1.1 机体的制作

在进入改造前，利用《高达模型制作技巧指南第2版》提到过的技巧，来完成范例作品！

1.1.1 无缝处理

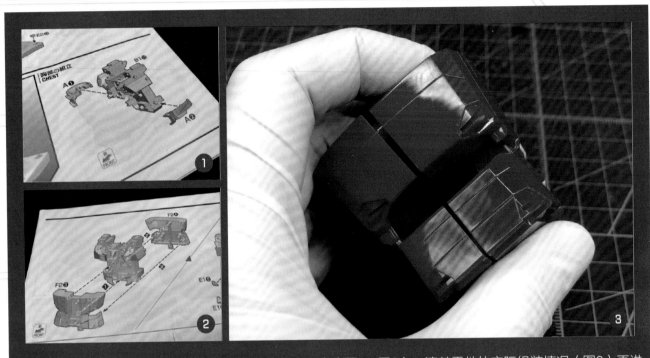

做无缝处理之前，我们一定要理顺零件的组合顺序（图1、图2），清楚零件的实际组装情况（图3）再进行操作，为后续的涂装或分件等，选择更好的无缝方案。

参考《高达模型制作技巧指南（第2版）》1.4节。

这里的无缝处理使用优速达的黑胶套装来进行，有利于填补大缝与高低落差。在零件的边缘涂上黑胶，然后对零件进行挤压（图4）。

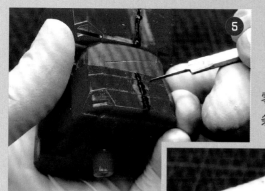

由于进行无缝处理，零件上的线条会被填补，如果直接对零件进行打磨处理，有可能会导致线坑变浅，从而增加补回线条的难度，所以将补回线坑处理提前。

零件组合后的缝与高低落差会影响刻线的锐利度，直接使用刻线刀会导致线条变歪（图5），那么利用手锯拉直线条（图6），再转回刻线刀进行刻线处理会更有把握（图7）。

无缝处理后的零件会面临不同的情况（参考《高达模型制作技巧指南（第2版）》1.4.2小节），部分零件要面临组装问题，而组装问题也会影响到上色步骤的难易度，因此不可忽视。做无缝之前已经把零件的组装步骤理清，那么通过分析后，将内构部分的零件卡准进行切除（图8），既可以顺利组合，也能分件进行涂装了（图9）。

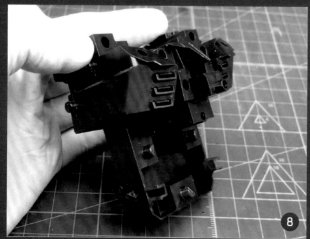

1.1.2　修件处理

拼装模型受开模影响，水口与分模线肯定存在，而这些瑕疵不进行处理，会让作品大打折扣，而有部分分模线出现的位置又恰恰是有原套件细节的位置（图10），让处理起来的难度增加，那么想要保留原套件的细节与零件的平整度，就需要进行小小的技巧处理了。

既然难于保留原套件细节，那么就直接打磨掉，优先保持零件的平整度（图11）。

至于铆钉细节有两种方式进行处理：

第一种：直接添加金属补品改件（图12）。

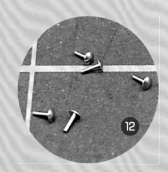

第二种：利用流道拉丝切片进行填补（图13、图14、图15）。

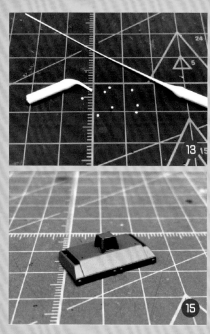

流道拉丝（参考《高达模型制作技巧指南（第2版）》3.4.5小节）

对于前期的工序，加强原套件刻线与细节都是至关重要的（图16、图17），如果前期做不好，将会影响到后期的工序难度，甚至会影响到成品的最终效果。

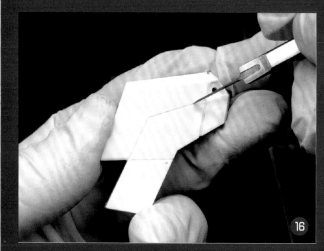

1.2　喷涂前的准备

> 喷涂前喷涂水补土是非常重要的一项步骤，不可忽视（参考《高达模型制作技巧指南（第2版）》2.1节。

1.2.1　检查零件的瑕疵

　　前面所做的无缝处理，由于原套件的颜色影响，观察时未必能充分看清零件表面的实际情况（图18），水补土就能让瑕疵显露，对再次修正零件表面有更好的帮助。

　　无缝处理不到位的地方，残留的坑一般都非常细，由于空气的积压不能直接往里补胶，需要把漏补的缝隙弄大，再重新补胶（图19、图20）。

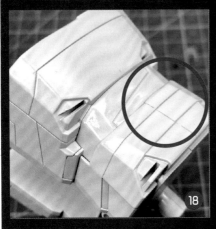
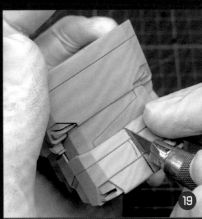
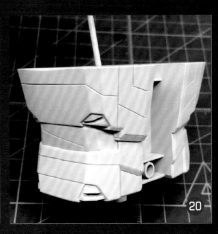

1.2.2　吸附油脂

　　拼装模型在脱模时都会残留脱模剂，对于喷涂漆面的平整度会有所影响（图21），打磨与清洗零件虽然有一定程度的帮助，但水补土的吸附效果会更加有效，只要针对油脂处重新打磨处理，即可消除（图22、图23）。

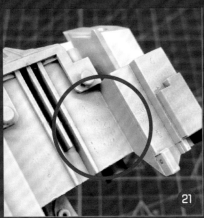
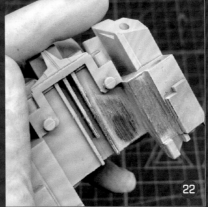

1.2.3 填补打磨细纹

经过打磨处理的零件，都会出现磨痕和颗粒（图24），如想消除需要不断提高砂纸目数，但对于涂装来说，这种操作就显得有点烦琐。

喷涂水补土后，只需要使用800目-1000目的砂纸重新研磨一遍，就能轻松搞定了，但二次打磨不需要完全把水补土打磨掉，只需稍微打磨到零件表面显出第一次打磨时产生的磨痕就可以了（图25、图26）。

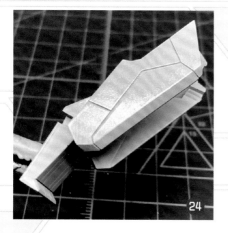
24

25

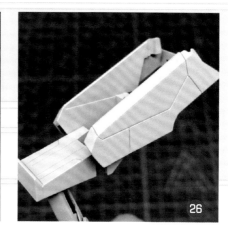
26

1.3 运用小技巧提升细节

1.3.1 增加适合原套件的细节

设计细节的时候遵循原套件该有的细节（图27）来进行增加，那么机体改造起来就会有所参考并让整体效果看起来舒服（图28、图29）。

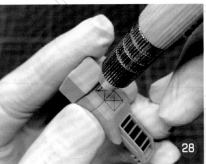

1.3.2 利用市面上购买到的细节补品进行强化

套件原本的细节由于开模或设计受限导致细节度不足，又或者原套件进行涂装时，会增加涂装难度且效果不好等，活用改件去强化细节是最简单快捷的入门改造操作。如范例制作的套件，胸肩的细节把内框细节切去（图30、图31），换上细节改件，就能轻松把颜色单一的零件强化成独立零件拼装的效果（图32），利用蚀刻片细节填补零件的空洞（图33），那么作品的整体效果就会有所提升了（图34）。

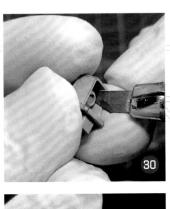

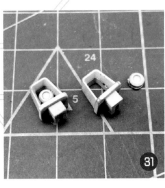

1.3.3 透明件的修饰

一般高达模型多多少少都会有透明的零件，用于表达是机体上的灯或者监视器等，不进行光泽处理会让机体细节表达不清晰，特别是眼睛部分，有帽檐的遮挡，光线难以照射，直接拼装透明零件会让眼睛看起来不精神，对于眼睛或监视器等透明的零件，可以在背面薄薄喷涂一层银色，就能达到反光的作用（图35、图36），也可以利用反光贴纸进行修饰（图37、图38、图39）。

35

36

37

38

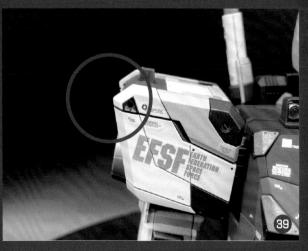

39

1.4 机体成品展示

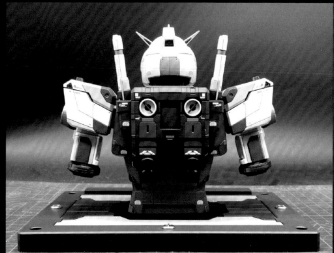

1.5　底座的修饰

1:48的胸像放在底座上略显单调（图40），可以参考横滨1:1高达，自制一个整备架。

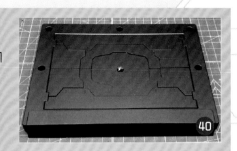

整备架由很多工字钢组成，但市面上没有合适的耗材，只能用胶板裁切出来，画出所需的尺寸（图41），利用鹰嘴刀将胶板裁成胶条（图42、图43），黏合起来即可，至于平整性可以使用角度打磨辅助工具（图44），不过需要注意的是工字钢需要两种宽度的胶条（图45）。

模型
源于生活
细节
源于观察

虽然市面上无法买到大型的工字钢，但可以买到小型的，用来表达不同作用、不同位置的钢材，就轻松多了（图48、图49）。

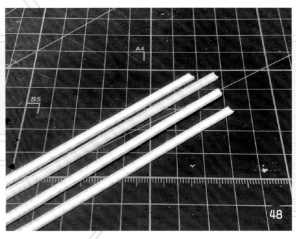

48

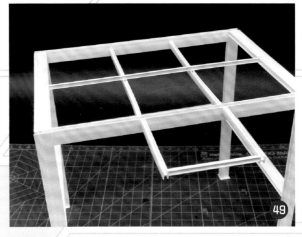

49

框架所需的工字钢搭建完成后，根据底座的尺寸进行黏合，把大体的框架组合出来（图46、图47）。

46

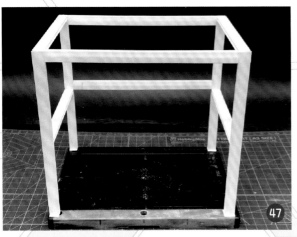

47

在现实生活中，钢材的连接除了焊接外，打板上钉固定也是用来巩固钢材连接稳定性的一种正常操作，可用胶板裁出大概所需的尺寸（图50），毕竟是复件操作，使用台钳夹紧胶板，打磨出尺寸一致的护板(图51、图52)，黏合到主体框架的连接处（图53）。

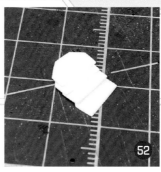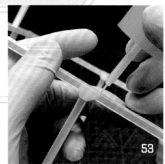

平面处的连接护板，可以裁剪合适宽度的胶板直接黏合（图54），但需要注意的是宽度要与之前裁剪的护板一致，至于长度多出来的位置只要剪掉磨平即可（图55），边角护板的操作与连接护板的操作一致（图56）。安上铆钉就能增强真实性与细节度了（图57）。

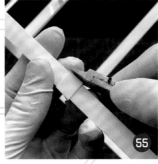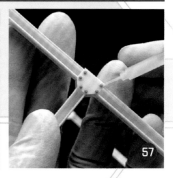

框架顶部的连接支撑，在现实中需要考虑称重问题，过长的工字钢会由于重量的缘故导致向下塌陷，那么支撑的问题就需要考虑在内。使用十字连接的方式进行支撑强化，与框架制作的操作手法相同，裁剪出合适长度的胶条与护板，对准角度进行黏合（图58、图59、图60、图61、图62）。

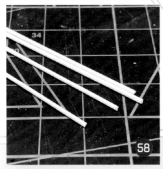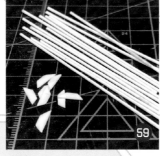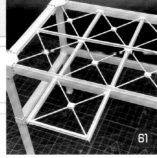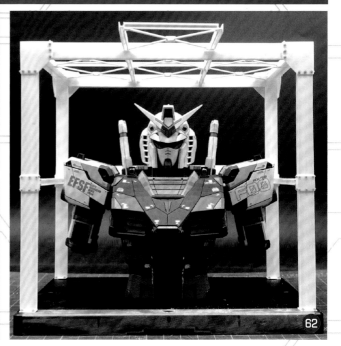

这里补充一点，框架搭建的角度问题都可以使用角度辅助打磨器进行辅助，黏合的时候建议使用流缝胶水，以便调整角度（图63、图64、图65、图66）。

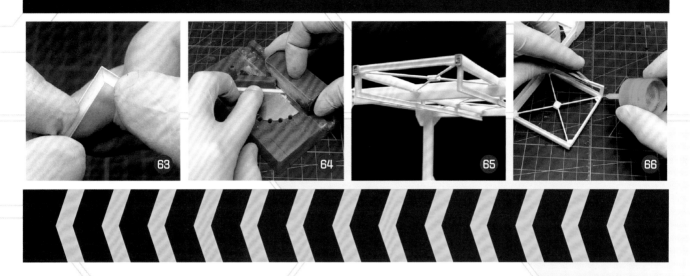

整备框架搭配维修梯台，会让整个作品看起来更加完善，但如果维修梯台能活动，会让整备框架变得更有意思。在胶板上画出尺寸与轮廓，裁剪下来进行黏合打磨（图67、图68、图69），多形状搭配会让维修梯台旋转机构看起来不单调，使用圆规刀裁出圆形胶板（图70、图71）。

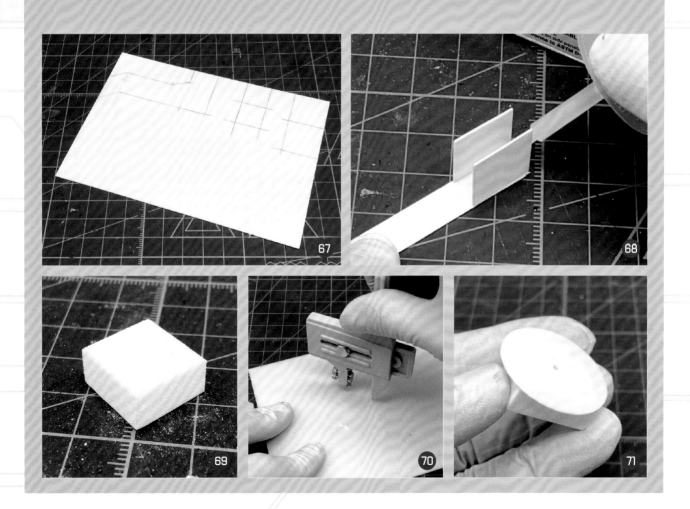

制作好旋转机构的顶部与底部就可以通过定位钻孔插入桩条（图72、图73、图74），添加连接板进行修饰（图75、图76）。

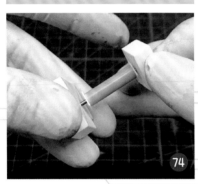

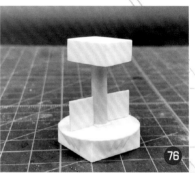

使用之前裁剪好的胶板形状进行辅助，使用小型工字胶条搭出形状（图77、图78），裁出相同形状的金属网作为维修梯台的表面（图79、图80），底部黏合工字胶条以作为支撑，添加手扶栏杆丰富细节（图81、图82）。

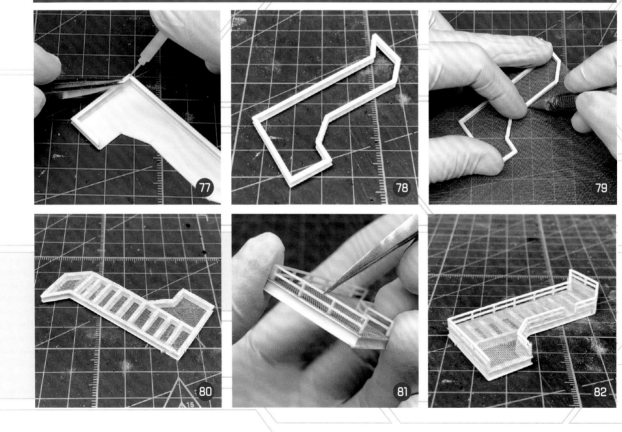

将维修梯台固定在旋转机构上（图83），添加连接板细节（图84），整体固定在大体整备框架上就大功告成了（图85）。

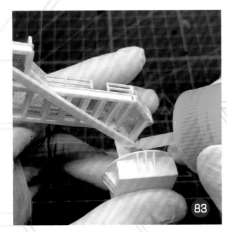
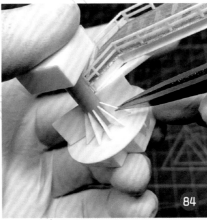
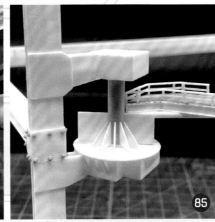

对整备框架上色需要分段进行，毕竟维修梯台是活动的，不可一次涂装完成，而分件涂装后再组装的话，在固定连接方面会带来修整的难度。整体涂装黑补土，将零件表面打磨光滑（图86），使用暗钢作为底漆表达钢材的金属感后，就能喷涂面漆了（图87、图88）。

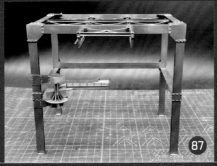
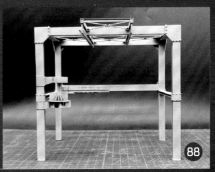

涂装后可以利用套件上的轮廓进行细节填充（图89），细节采用预涂装的胶板裁切成粒状进行填充，手法可参照《高达模型制作技巧指南（第2版）》中的3.3.4小节，整备框架可通过入墨线与渍洗增强轮廓（图90）。

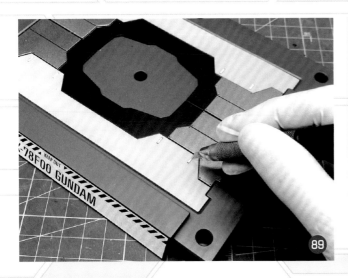

1.6 成品展示

1：48横滨元祖胸像成品展示

1.7 制作思路总结

　　制作机体前，希望作品最终效果有一种看起来"他就是这样子"的感觉，因此除了强化原套件的细节外，还额外增加了符合套件的细节，轻微的改造让作品有种似改未改的感觉。

　　涂装方面以高达的标配白、黄、红、蓝颜色为前提，对部分细节地方进行遮盖喷涂处理，考虑到区分不同材质与不同补位的颜色表达，在内构方面的颜色表达采用了深灰、浅灰、黑铁、暗钢这4种颜色互相搭配，额外利用电镀蓝进行点缀，与元祖高达中带柔的气质相呼应，喷口的灼烧效果也是点睛之处。

　　线条感的表达在这件作品上也是笔者比较注重的地方，使用4种颜色渗线液对各种颜色零件进行渗线，使得线条看起来更加平顺，不会产生突兀的感觉。

第2章

高达舱门全开

2.1 切割零件

高达舱门全开是HOBBY JAPAN的高达模型手册*HOW TO BUILD GUNDAM 2* 的封面范例，自此开启了模型制作改造的新篇章。

顾名思义，高达舱门全开的制作就是要对高达外甲的零件进行切割处理，至于切割后露出的内构部分，则要进行填充或修饰，从而保证作品整体的合理性与完成度。

《《《《《《《《《《《《《《《《《《 制作流程 》》》》》》》》》》》》》》》》》》

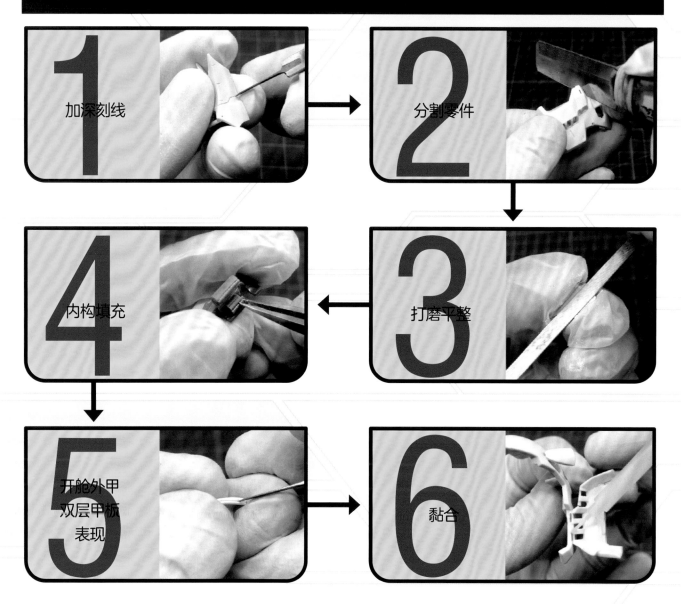

1 加深刻线

2 分割零件

3 打磨平整

4 内构填充

5 开舱外甲双层甲板表现

6 黏合

根据制作流程的顺序，在制作前优先强化原套件的细节（图1、图2），基本上这一操作适用于大部分作品制作的前置工序，为我们后续的制作提供良好的基础与参考。

在做舱门全开的时候，有部分零件的分割轮廓需要自行增加刻线来获得，毕竟舱门全开不一定要完全按照原套件，可以加入创作，从而获得更多、更好的效果。操作时利用刻线胶带进行辅助（图3），把线条轮廓加深后，分割零件的方式有2种：第1种是使用手锯切割，也是最直接、最快速的处理方式（图4），这里的应用是要看手锯下刀的位置有没有被零件其他的地方阻挡；第2种是使用笔刀的背面进行切割（图5），一步步让零件分离，好处是分割出来的零件产生的缝隙不会过粗，坏处就是比较耗时。

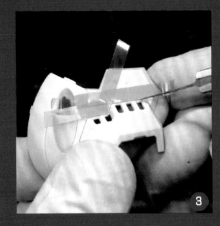

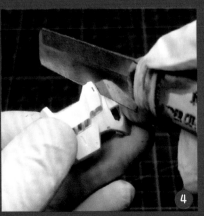

零件分割后，要对零件进行打磨处理，而且并不只是表面的处理，由于套件的设计包含组装便利性，在零件背面会有类似卡准或仿内构的多余部分，当舱门打开后，看起来就会非常碍眼了（图6、图7）。

对于轮廓阻碍不是太多的地方使用推刀铲平，稍微打磨平整即可（图8）。

对于轮廓阻碍比较多的地方，使用剪钳将大部分的位置剪掉（图9）。

使用雕刻刀尽可能铲掉多余的残留（图10）。

然后使用打磨工具打磨平整（图11、图12）。

对于轮廓阻碍没那么多的零件，可以把多余的部分使用剪钳剪掉后，使用低功率电钻辅助，效率会提升不少（图13、图14）。

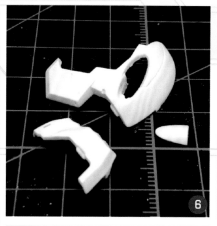

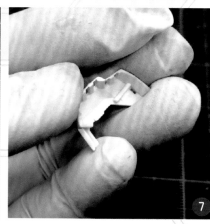

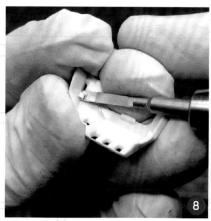

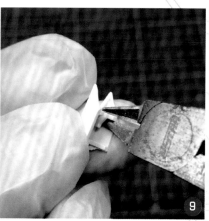

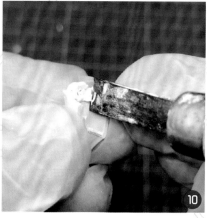

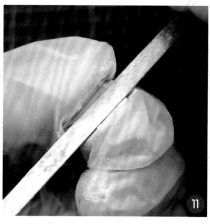

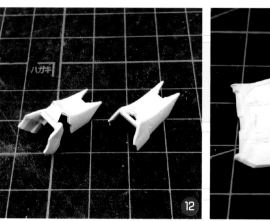

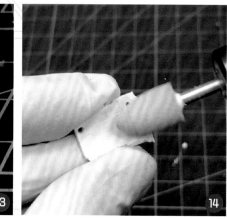

　　零件的正反面修整完毕，接下来为打开的舱门部分增加双层甲板效果。由于开模、零件成型等因素导致零件有一定的厚度，分割出来的零件如果直接进行黏合，会让人觉得舱门非常厚，看起来不真实，可以在零件的侧面加上刻线（图15），使得舱门甲板看起来像多层结合，最后黏合起来即可，在黏合位置再补充仿活动扇叶就会更加真实了（图16）。

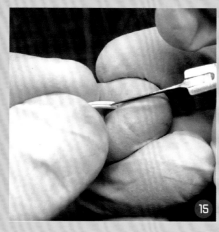

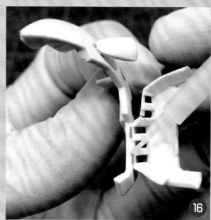

　　为便于涂装与安装，必要时会把原套件的轮廓完全切割分离，重新造型（图17），使用手锯将零件分割后，按照所需位置黏合成新的零件（图18、图19、图20、图21）。

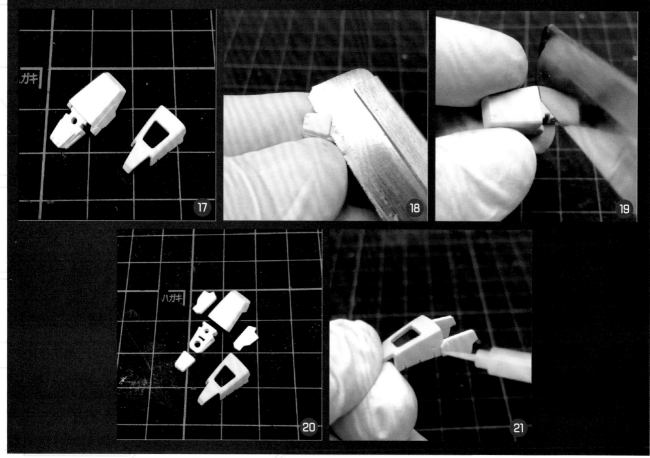

2.2　内构填充

当零件被切割成舱门全开状态时，有零件轮廓缺失的地方需要补全，根据零件的形状使用胶板或胶条进行操作（图22）。

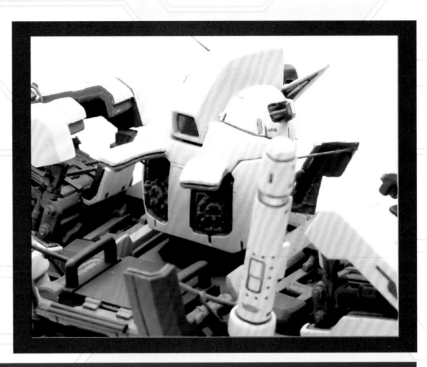

内构方面可以使用胶板或胶条进行加工，从而获得想要的形状，对零件进行填充（图23、图24、图25），至于比较精密或复杂的内构填补零件，建议找其他模型的细节零件进行二次加工后使用（图26、图27、图28），毕竟模型种类很多，只要符合心中所想的形状，都可以运用到制作上，这里使用的是千年隼的模型零件。

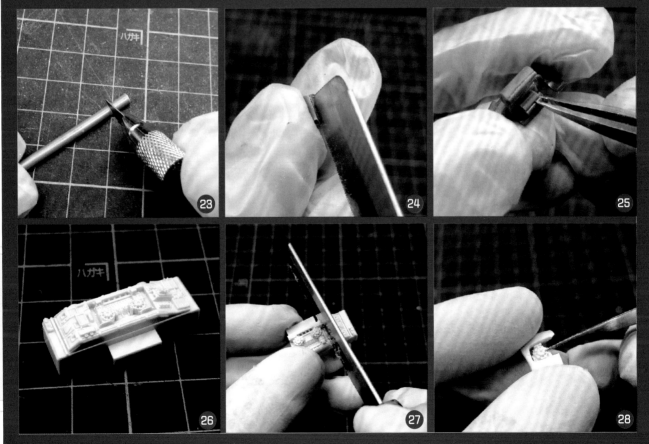

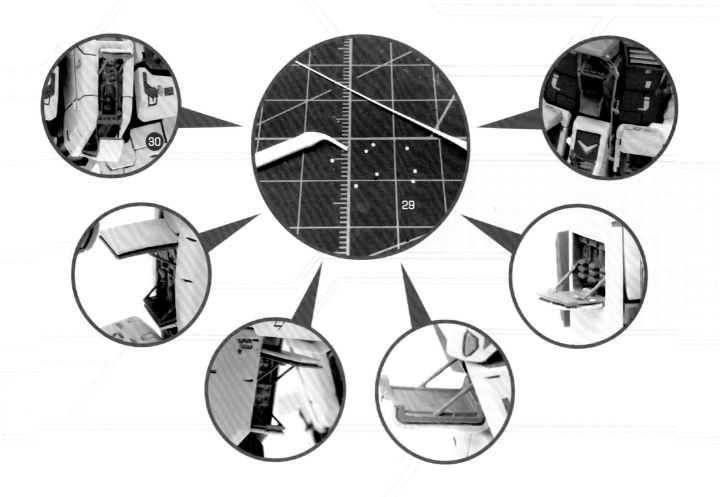

舱门全开的状态，单纯把外甲零件打开会略显单调，如果把支撑杆这种细节填补上，会提升作品完成度与细节度。直线拉伸的支撑杆可以利用流道拉丝进行修饰（图29、图30）；如果是多层折叠的支撑杆，那么也可以寻找合适的零件进行修饰（图31、图32），找到合适的零件后，再根据所要填充的部位，按照适用性对零件进行二次加工，以至能符合舱门打开的角度（图33、图34、图35）。

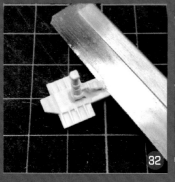

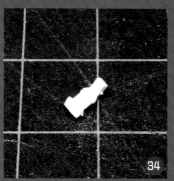
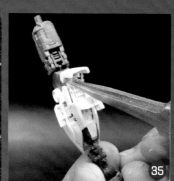

　　对于舱门全开这种比较细小的位置，零件分割难以实现，或者操作起来耗时且达不到好的效果，那么就要舍弃切割，通过镂空与自制舱门来实现。根据开舱位置的大小，使用手钻钻穿零件（图36），在前期工序中已经对零件进行了刻线处理，那么就可以根据轮廓使用笔刀慢慢切削出相应的开舱形状（图37、图38），并切除相同形状的胶板黏合在零件上即可（图39）。

36

37

38

39

2.3 特殊框架处理

　　还有一种类型的零件，无法填充内构，那么只能在原有的零件上"做文章"了。对于一个大的机甲，就算没有了内构，但内层起码有框架来保证外甲的形状与强度，从这一想法进行延伸，把原套件的卡准部分改造成框架样式，优先把框架的轮廓通过刻线的方式定型，随即使用笔刀进行形状切削，最后打磨处理平整（图40、图41、图42）。

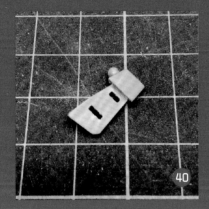

　　如果觉得通过舱门全开来表现作品的精密度还不够，还可以为作品额外添加细节补品来修饰比较单调的位置（图43、图44）。

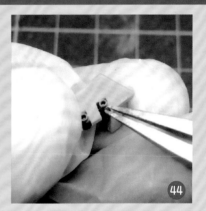

2.4 后期的修饰

　　在作品的细致度上，可以通过分色涂装、添加蚀刻片等操作来大大提升内构的细节度，这一步骤虽然相对整体的制作流程来说较为简单，但对作品的提升带来了很好的表现力，特别是以普通色与金属色相结合的方式进行表达（图45、图46、图47）。

2.5 效果展示

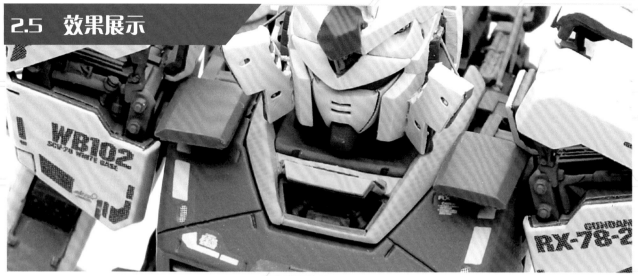

2.6　底座的衬托

机体的舱门全开完成后，不妨配备格纳库底座作为修饰，一方面弥补单机体展示的单调，另一方面把武器也共同展示出来。

2.6.1　站立面的处理

在机体已经完成的情况下，裁剪合适大小的胶板作为机体站立的地面，并在表面通过叠加胶板的方式制作成格纳库维修舱的样式，在背面贴上胶板，以确保胶板里面的稳定性（图48、图49）。增加细节与打磨平整即可（图50、图51）。

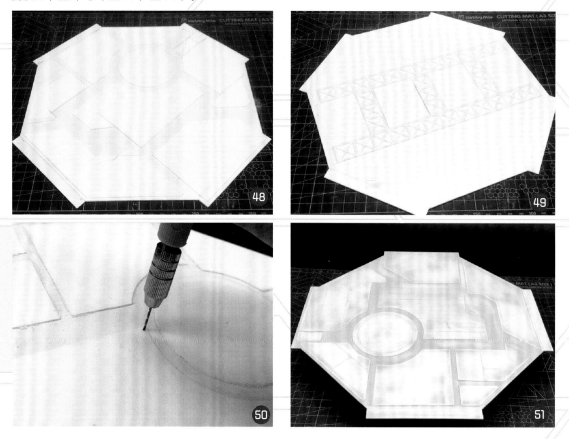

2.6.2　框架的搭建

在格纳库场景里，框架是一个不可缺少的元素。在上一章内容中，框架的搭建是通过胶板自制工字钢来完成的，而本章采用的方法较为简易些，在市面上购买米字胶条进行黏合，唯一需要注意的是黏合的时候确保90°（图52、图53、图54）。

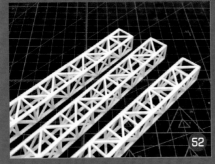

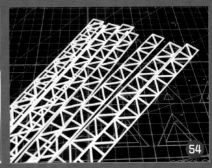

2.6.3　框架的修饰01

框架除了是格纳库里的结构轮廓外，还是承重架的一个支撑，之前提到底座是用来表达机体所处环境与展示武器的，那么承托武器的结构与滑轮轨道等装饰就不可缺少了。

使用胶板做出武器承重臂，画出图案后裁出复件，黏合后进行打磨处理（图55、图56、图57），大概的轮廓修整完毕后，补上C面与细节进行修饰（图58、图59）。

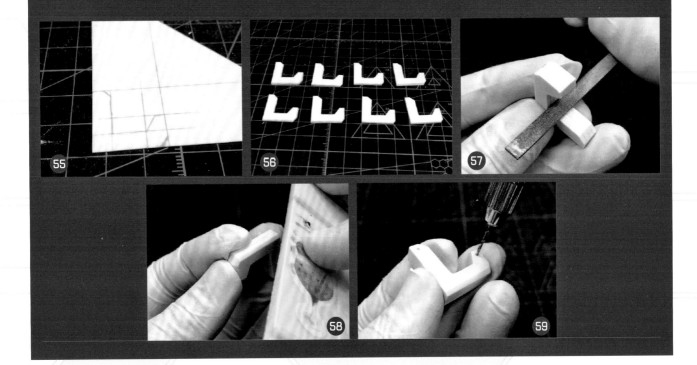

2.6.4 框架的修饰02

然而在改造的过程中，除了使用其他模型的零件来进行辅助外，可以发挥想象针对不同领域的东西都进行创作。将承重臂安装在框架上，给框架添加工字钢表现滑轮轨道，用圆形的积木二次加工表现承重臂的滑轮，这样的搭配既省事，又能直观表达出想法（如图60、图61、图62、图63）。其他形状的承重臂同样可以通过胶板来进行自制（如图64、图65）。

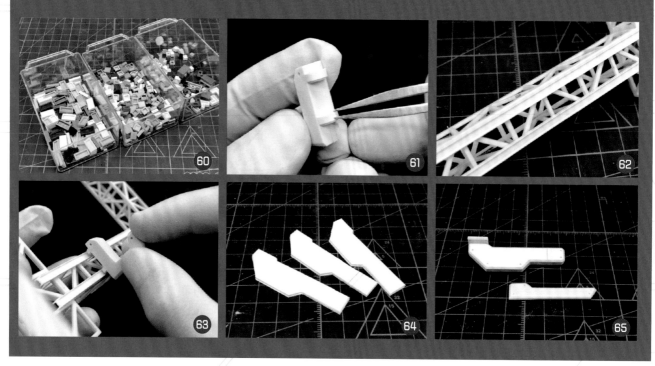

CHECK POINT

在格纳库场景的搭建中，如果善于观察思考，会在生活中找到很多适用的材料，例如废弃的电子元件，只要活用也能为场景带来不少的提升（图66、图67）。

上色前

上色后

2.7　成品展示

第3章

独角兽NT-D

3.1　主体的制作

本范例主体的改造方向分为增加外甲凸出板、增加刻线提升套件线条感、增加细节这3部分。

3.1.1　增加机体刻线

● 高达模型改造，最常用于入门的就是增加刻线，一方面可以提升机体的线条感，另一方面能为后续的涂装带来参考（参考《高达模型制作技巧指南（第2版）》1.3节），但本范例的增加刻线只起到点缀作用（图1）。

● 增加机体刻线前，最好加深机体原有轮廓线条（图2），常用的辅助工具是刻线胶带，有不同尺寸可以选择，利用这一特点来刻画等距平行线是一个不错的选择，但刻线胶带本身的硬度较高，加上黏力不足，难以进行切割，如果没有合适的尺寸，也可以用遮盖带，切出想要的宽度用来定位（图3），那么无论在哪里也能做出同样宽度的等距刻线了（图4、图5）。

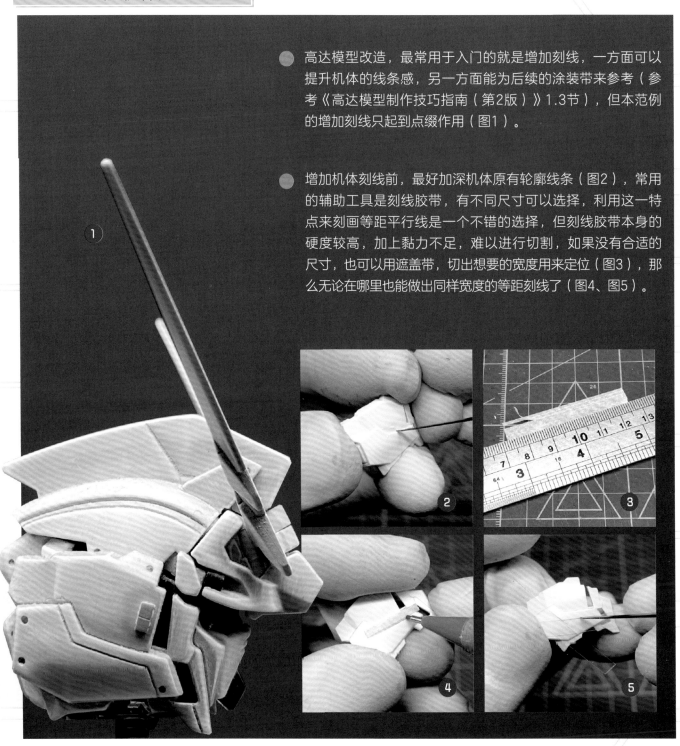

3.1.2 增加外甲凸出板

　　在改造时增加刻线算是平面的操作，那么增加凸出板就能让表面轮廓多一层高低落差，从而提升层次感（图6）。

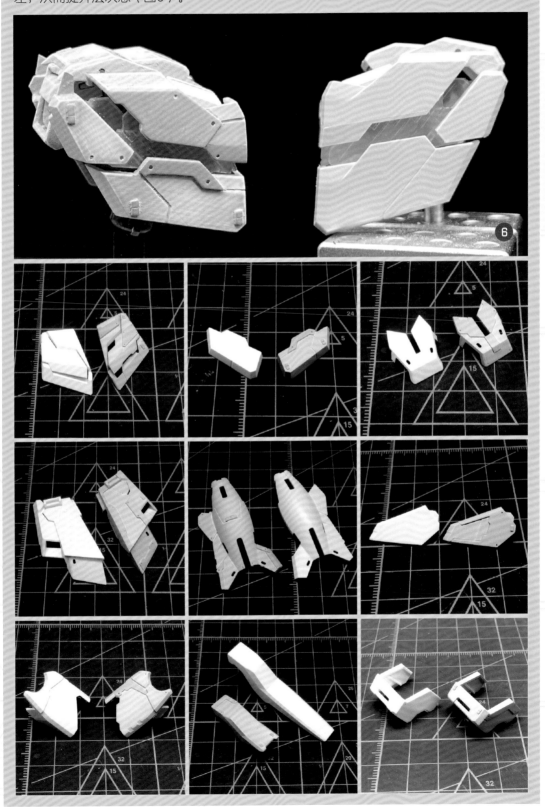

　　凸出板制作的难度是必须精准，不然黏合到零件上之后无法进行修整打磨。使用遮盖带沿着零件最长直线边缘进行粘贴（图7），然后使用铅笔把大概想要的轮廓描绘出来（图8），转而把遮盖带贴到带有尺寸点的胶板上进行裁剪（图9），虽然尺寸点的胶板能让我们更大限度地裁剪出合适比例形状的胶板，但实际的尺寸也需要微调才能黏合到零件上（图10、图11、图12）。

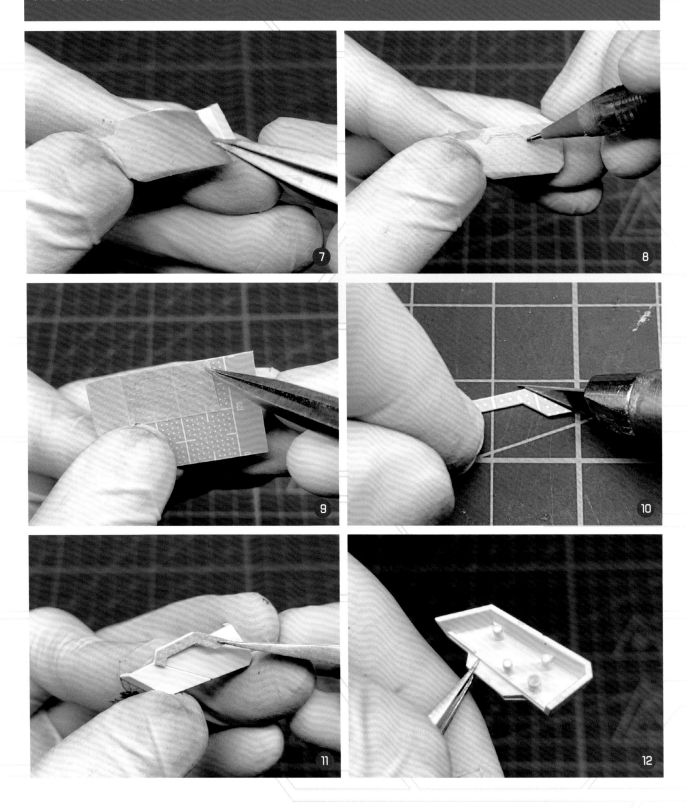

3.1.3 增加机体细节

类似范例的方形胶板细节（图13），利用尺寸点胶板从所需细节形状中间增加刻线（图14），然后按照所要的尺寸裁出胶板细节使用（图15）。

散气叶片细节裁出多片同形状胶板后黏合到零件上，黏合时注意平行与相距即可（图16、图17、图18）。

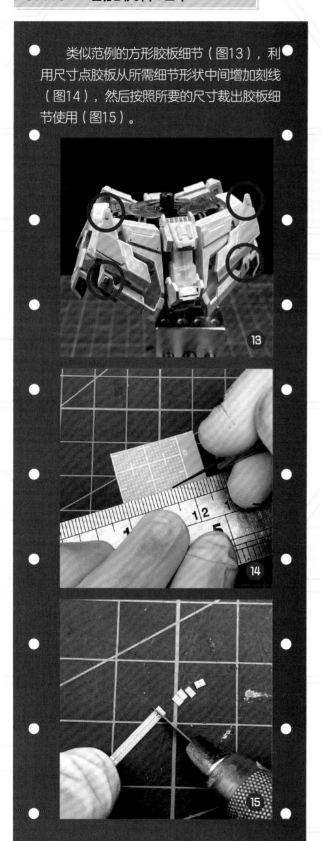

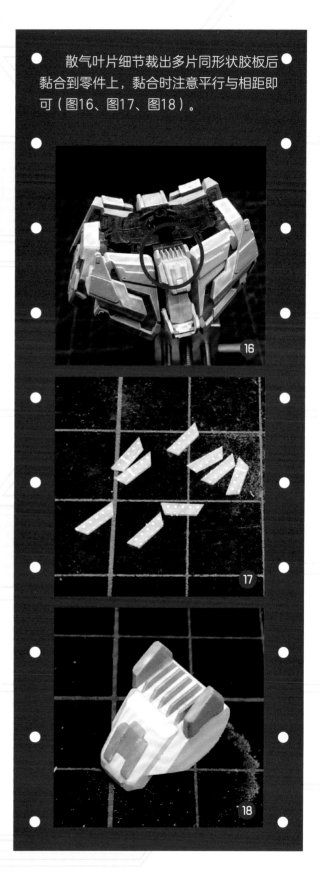

3.1.4 错位装甲的制作

　　原套件NT-D模式，装甲打开的部位看起来比较平顺单调，采用错位装甲的简单修饰，整体的效果就大有不同了（图19）。选择其中一边的零件刻画出梯形线条（图20），使用笔刀小心切割，黏合到另一边的零件上即可（图21、图22）。

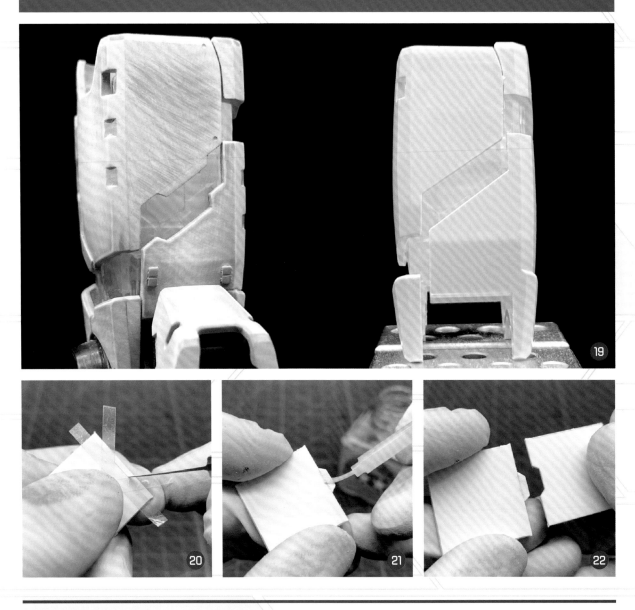

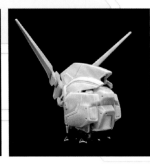

改造后的细节效果图

3.1.5 主体完成图

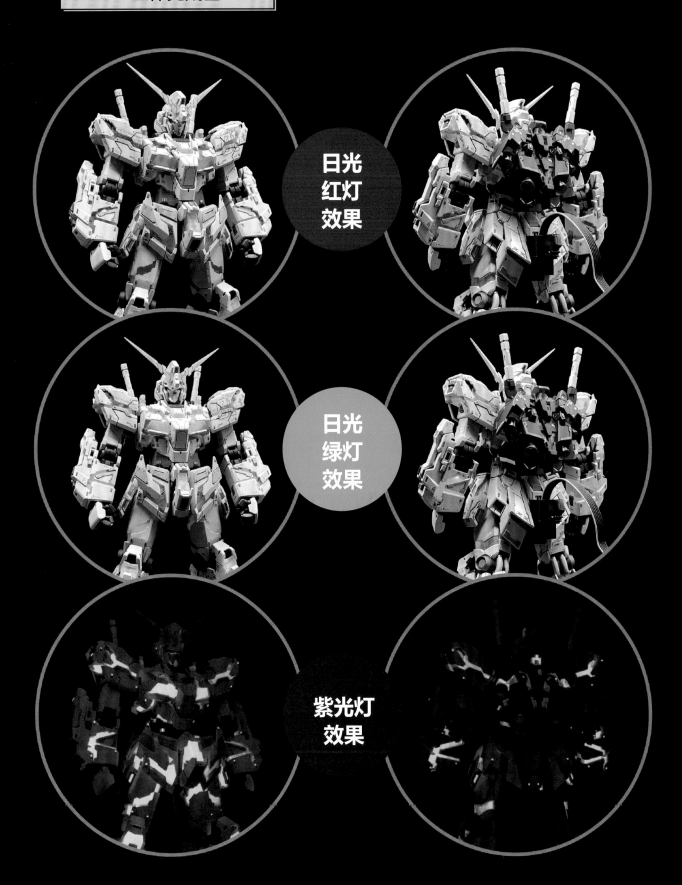

日光
红灯
效果

日光
绿灯
效果

紫光灯
效果

3.2 辅助制作

3.2.1 底座的制作

制作前将底座不需要使用到的细节剪掉（图23）。

为了突出底座的深层，在底座中间裁剪出一个圆洞细节（图24、图25）。

后续利用底座原有的细节通过分色涂装让单调的底座丰富起来（图26）。

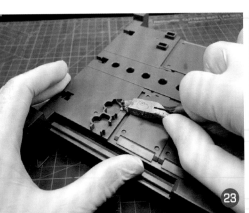

3.2.2　框架的制作

在市面上购买V形框条（图27）。
黏合成自身需要的形状即可，这里为了整体效果黏合成三角形（图28、图29）。

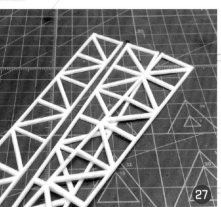
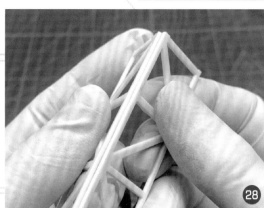
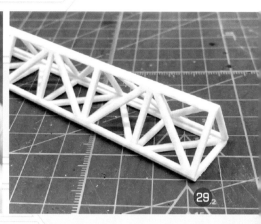

3.2.3　辅助机体的制作

　　本范例除了MGEX独角兽的制作外，额外使用MEGA独角兽对作品构想进行强化的修饰，因此制作与涂装方面会向简单利索风格进行，只需将MEGA独角兽的线条感凸显就可以了。涂装方面采用"珐琅大法"，首先将整体零件喷涂成荧光绿色（图30），再使用珐琅消光黑整体覆盖（图31），后续使用田宫X20将零件边缘擦拭出来，遇到比较细小的线条，可以使用笔刀轻轻把表面的珐琅消光黑刮掉即可（图32），由于荧光色对紫外线光有发亮的反应，因此通过这种技巧可以获得非常不俗的效果（图33、图34）。

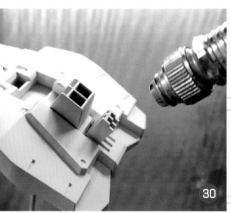

3.3　成品展示

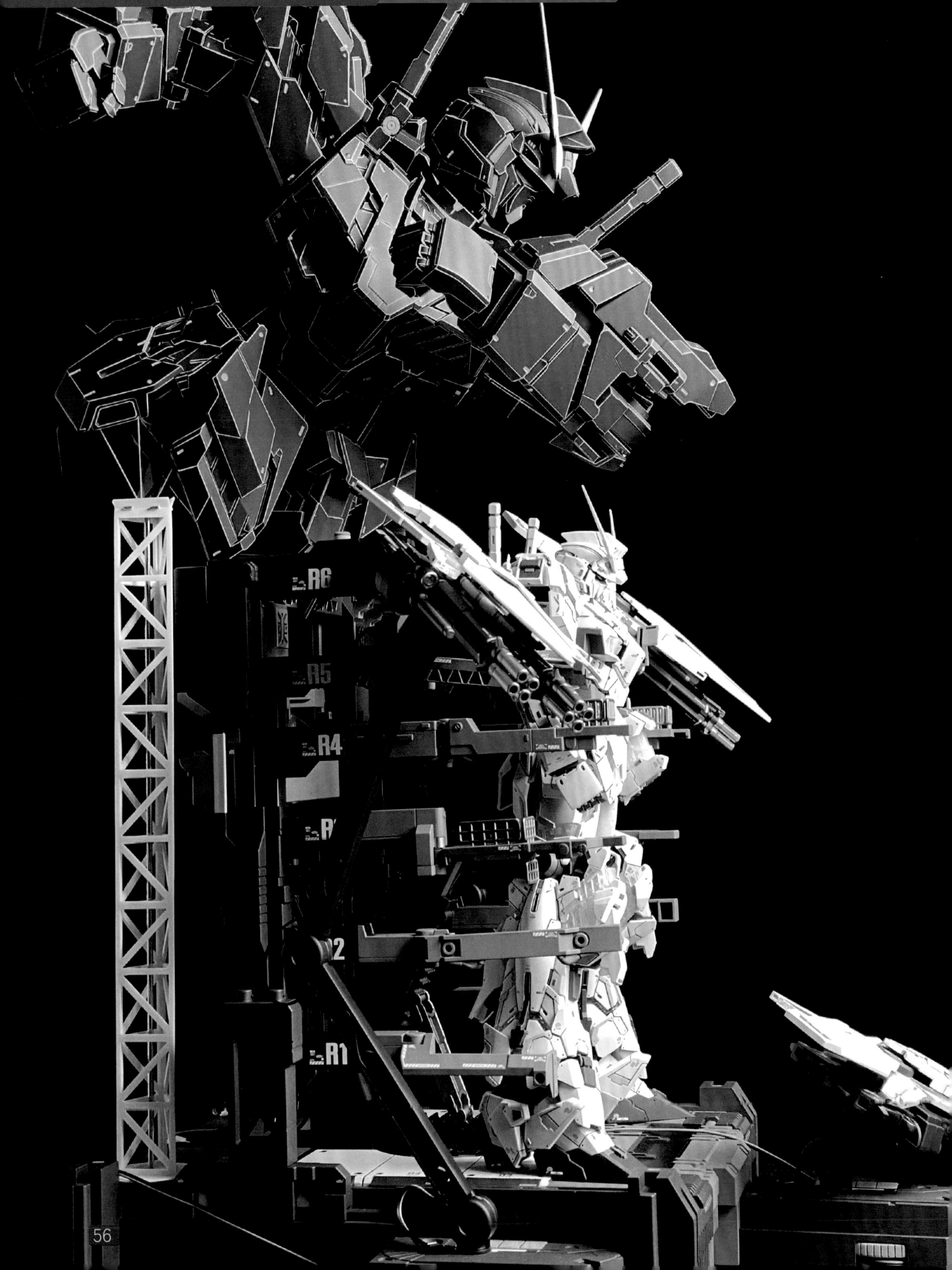
R6
R5
R4
R1

正常光源

亮灯正常光源

紫光灯光源

紫光灯亮灯光源

第4章

RX-78-CO

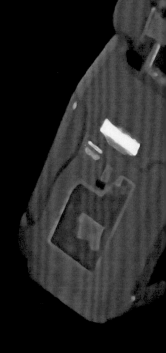

作品获2022年万代GBWC
高达世界杯华南区DVER-21组亚军

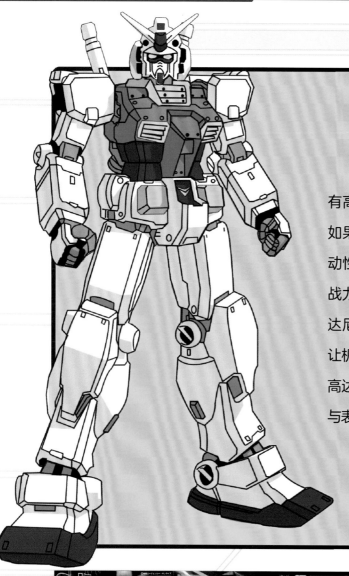

制作构想

　　元祖高达一直是笔者心中最爱的机体，也是所有高达的始祖，随着科技的不断更新，元祖高达如果不提升战力，终究会被淘汰的，单纯增强机动性或增加外设装备，永远也追不上新型机体的战力，那么利用3D扫描录入系统，使得可变形高达尼姆记忆合金获得被扫描机体的外形与性能，让机体的性能发挥到极致，这个想法绝对能让元祖高达始终立于不败之地，也是本范例制作重点改造与表达的方向。

4.1 头部的制作

前期准备

在每一个模型改造前，优先处理基础的前期工序会有益于后续的改造工序，例如无缝处理、填补缩胶、打磨、刻线等（图1、图2、图3），这些内容在《高达模型制作技巧指南第2版》中已经有所提及。

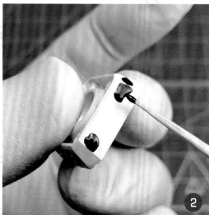
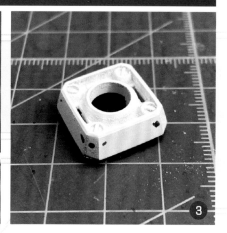

● 3D扫描录入系统分为外置型与内置型

4.1.1 外置型通过挖槽植入的方式表现

通过增加刻线的方式刻画出3D扫描镜头植入位置的轮廓（图4），使用推刀挖槽（图5），打磨平整后，利用补品与胶板搭出镜头细节（图6）。

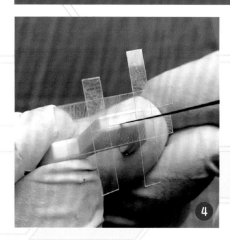
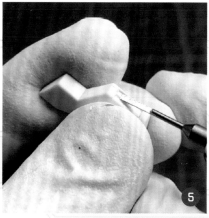
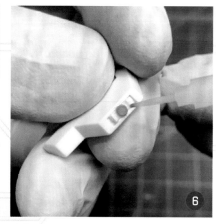

4.1.2　内置型通过镂空零件、填补内构细节、透明外甲覆盖的方式表现

　　通过增加刻线的方式刻画出需要镂空的零件轮廓（图7），使用手钻将中间不需要的地方钻穿（图8），方便笔刀进行切削修形（图9）。

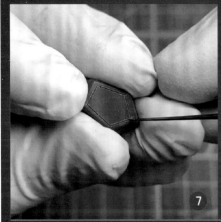
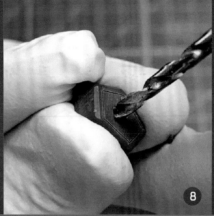

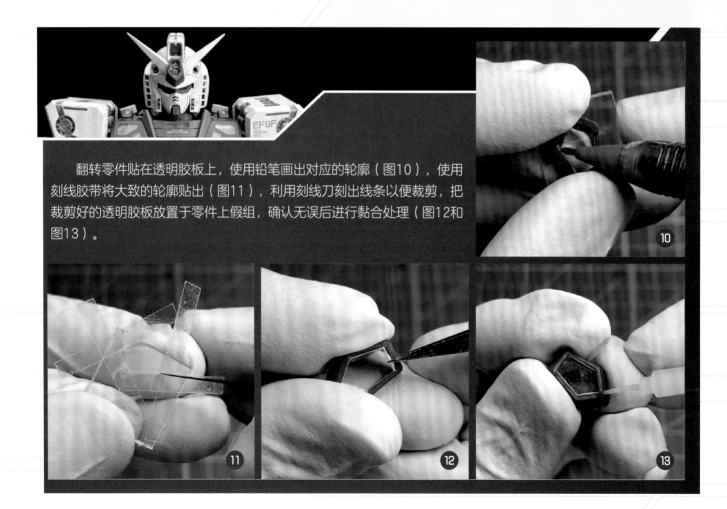

　　翻转零件贴在透明胶板上，使用铅笔画出对应的轮廓（图10），使用刻线胶带将大致的轮廓贴出（图11），利用刻线刀刻出线条以便裁剪，把裁剪好的透明胶板放置于零件上假组，确认无误后进行黏合处理（图12和图13）。

　　在改造过程中，透明胶板难免会受到刮蹭导致表面有划痕，遵循抛光技法工序来进行处理，恢复透明零件表面的光泽（参考《高达模型制作技巧指南（第2版）》），处理完成后就能对零件的其他表面进行打磨修件处理了（图14、图15、图16、图17）。

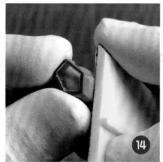
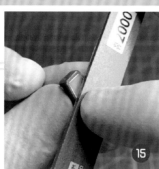
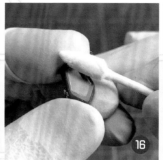
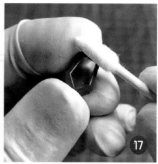

　　对应镂空的零件位置填补细节，除了使用细节补品进行填补之外，不妨利用其他模型套件的零件，只要简单的加工处理，就能组合成合适的零件进行填补（图18、图19、图20、图21、图22），这种操作也适用于任意位置的细节加强（图23）。

　　本范例使用的细节填补零件来源于星球大战——千年隼的零件。

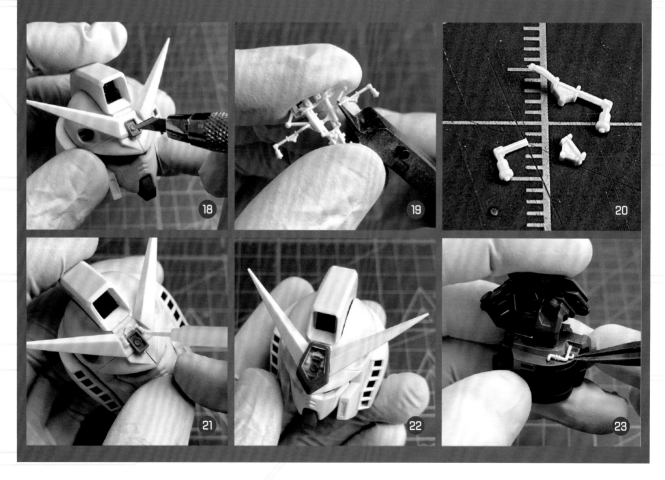

4.1.3　后期的涂装小技巧

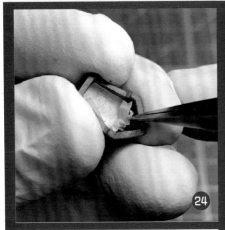

由于外甲部分位置被替换成透明的，那么涂装前，也要注意到零件背面的遮盖处理，以防溢色污染（图24）。

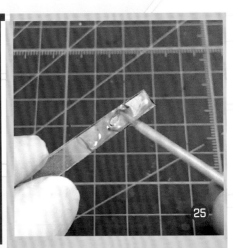

3D扫描镜头的制作使用光固胶，加入透明蓝进行勾兑（图25），使用牙签把光固胶点在扫描镜头位置（图26），使用紫外线灯照亮就能瞬间凝固（图27）。

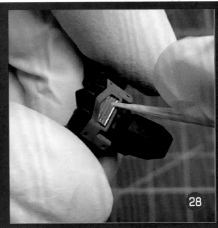

需要突出的细节可以使用反光贴进行修饰（图28）。

能量传输骨架的想法主要靠发光与线条轮廓展现出来，这里所指的发光是依靠荧光漆来实现，利用荧光漆对紫外线灯光有发光反应的特性，就能营造出能量展开时的氛围了（图29、图30）。

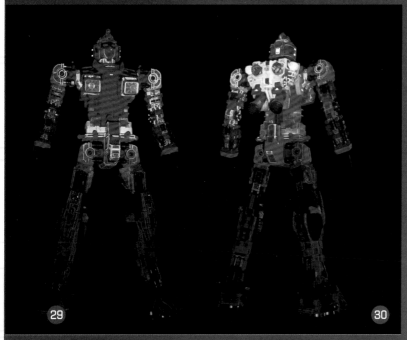

操作步骤：

1.零件整体喷涂油性荧光蓝（图31）。

2.针对珐琅漆所需的骨架颜色，喷涂整体零件（图32）。

3.利用珐琅漆附着力不足的特性，使用笔刀轻轻刮出零件轮廓（图33）。

4.1.4　头部展示

4.2　胸部的制作

4.2.1　透明件的辅助

　　厂家一般都会推出透明外甲作为限定产品，巧妙运用的话可以大大缩短改造的时间。以胸甲这个零件为例，利用背部的细节轮廓作为参考，在零件表面使用刻线胶带刻画出细节轮廓，以备用作透视的位置，抛光处理后就可以进行遮盖喷涂来达到所要的效果（图34、图35、图36、图37）。

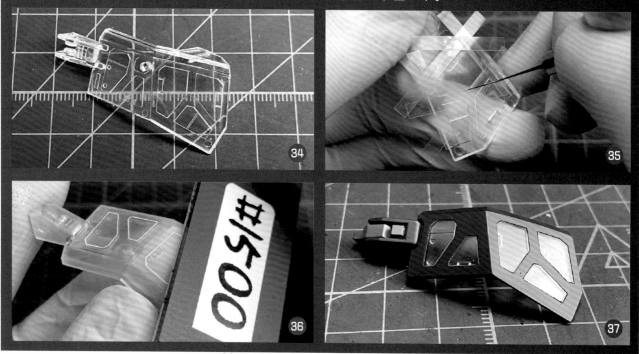

　　如果部分透明零件的背部轮廓不能被直接使用，那么就对零件进行镂空，裁剪出合适尺寸的透明胶板来进行填充（图38、图39、图40、图41）。

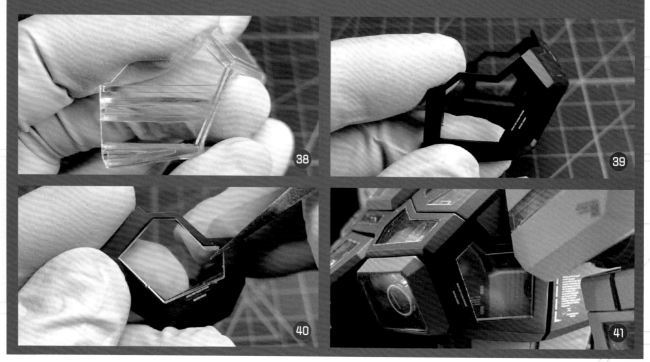

4.2.2 内构的填充

　　制作内构时找出大概合适的零件进行切除，由于是对内构进行填充，那么零件的厚度与填充的位置需要提前考虑，将多余的无用部分剪掉，修整厚度，再分割零件黏合成所需的内构细节零件（图42、图43、图44、图45、图46、图47）。

　　同理使用市面上购买的细节补品进行组合，也是一个好办法（图48、图49、图50）。

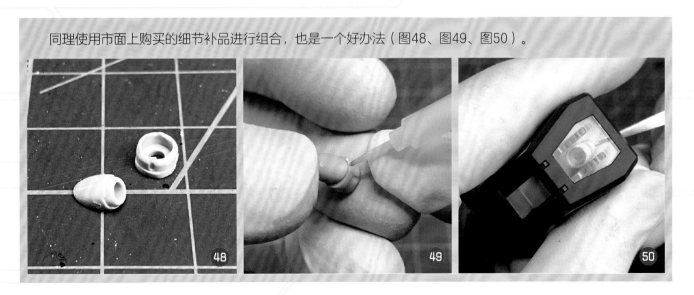

4.2.3 3D扫描器的表现

作品中3D扫描器拥有的能力是将敌方机体的外形与机动性扫描后传送到自身的系统里，从而提升战力，因此机体上大大小小的3D扫描器制作就是要表达的重点。

使用工字形胶条用作3D扫描器的活动轨道，使用市面上购买到的镜头细节补品充当3D扫描器，黏合到轨道上，制作的时候分为单镜头与双镜头（图51、图52、图53、图54、图55）。

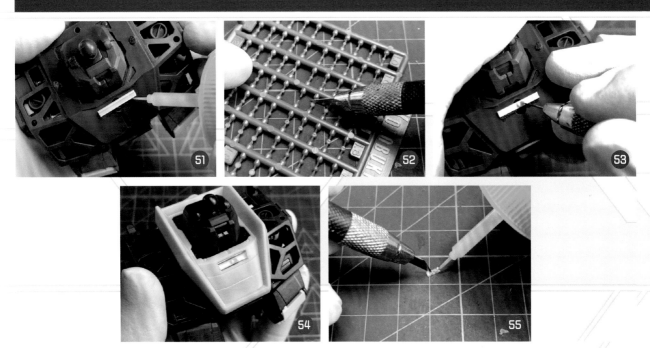

进行多轨道制作时，可利用角度辅助器进行制作，拼凑出想要的轨迹，使用推刀将阻挡移动轨迹的部分铲去，最后把原设的散热片替换成透明胶板即可（图56、图57、图58、图59、图60）。

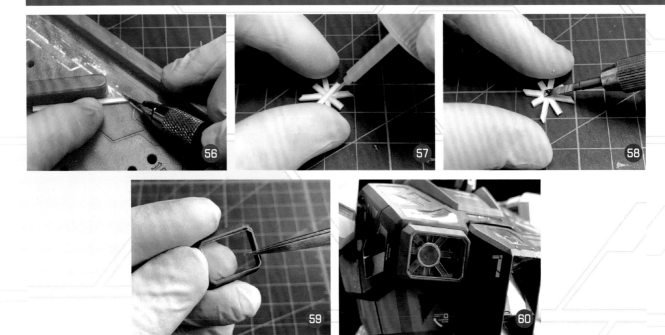

56

4.2.4　利用分模线进行零件切割

分模线在前期制作的工序中是必须处理的瑕疵，但改造时，可以当成分割零件的分割线。将零件切割分离，以便腾出更多显露内构的空间（图61、图62、图63、图64、图65）。

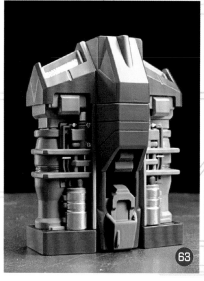
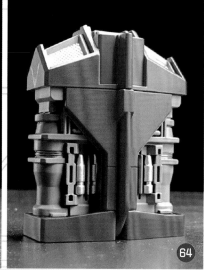

4.2.5　胸部展示

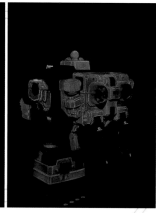

4.3 手部的制作

4.3.1 修饰小技巧

手部位置有的零件需要无缝的，通过对组装位置的分析，可以利用凸字刀刻画机械缝解决（图66），无缝处理可参考《高达模型制作技巧指南（第2版）》。

关节部位只保留外圈，内构将更加显露，使用卷起来的砂纸进行打磨处理即可（图67、图68、图69）。

66

67

68

69

4.3.2　肩膀的制作

在肩膀位置搭建轨道，添加3D扫描器，并在扫描器周边建立丰富的内构细节，包括肩甲背部的细节，通过千年准的零件进行改造而获得（图70、图71、图72、图73）。

4.3.3 手掌的处理

手掌作为机体最易动的位置，3D扫描器的应用会更加灵活，因此需要镂空手掌零件，填补细节，盖上透明胶板（图74、图75）。

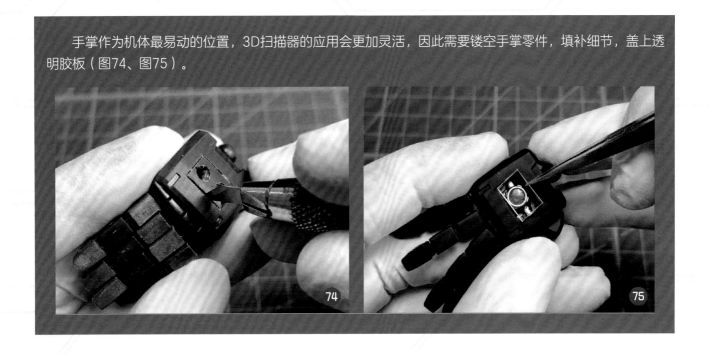

4.3.4 手部展示

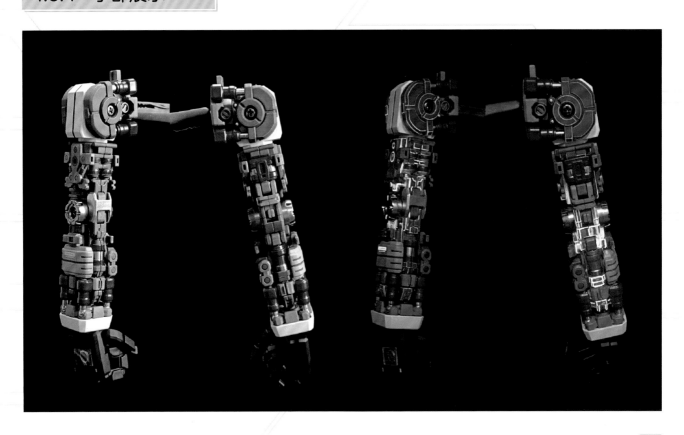

4.4 胯部的制作

4.4.1 锐化处理

　　胯部位置的标志比较钝，锐化处理会有效提升观感，由于需要锐化的位置比较钝，因此只能通过黏合胶条延长后，再进行打磨处理（图76、图77）。

4.4.2 细节强化

　　胯部位置有散热系统，原套件的细节表达欠佳，因此使用蚀刻片进行强化（图78）。

CAUTION

　　零件同样需要进行镂空填补处理，为了更加凸显内构细节，进行手涂补色（图79、图80、图81）。

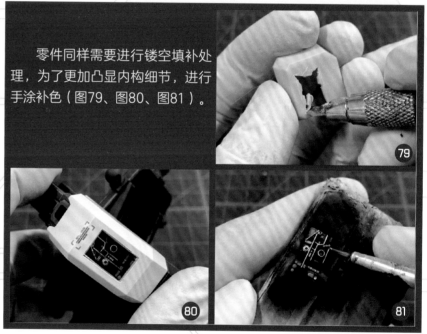

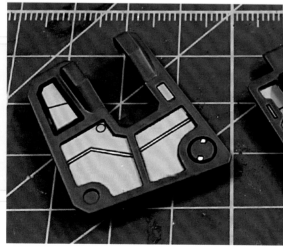

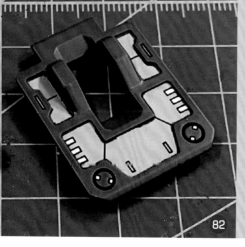

　　挡板位置的背后零件也不能忽略，分色涂装增强细节感（图82）。

4.4.3 胯部展示

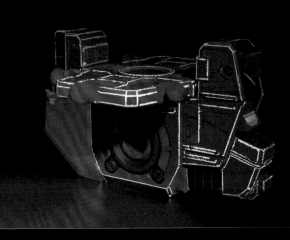

4.5 腿部的制作

4.5.1 腿部的处理

　　腿部的处理以填补3D扫描器的改造为主，如膝盖位置的零件，镂空之后需要裁出合适尺寸的胶板将零件的背部进行遮挡，从而填补细节（图83、图84、图85、图86）。

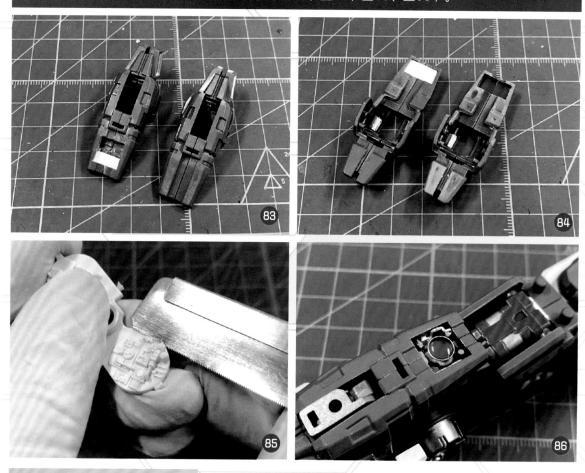

4.5.2 腿部展示

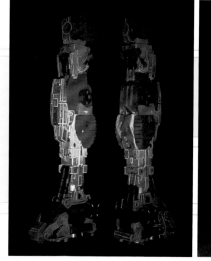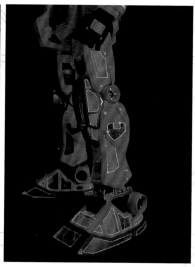

4.6 成品展示

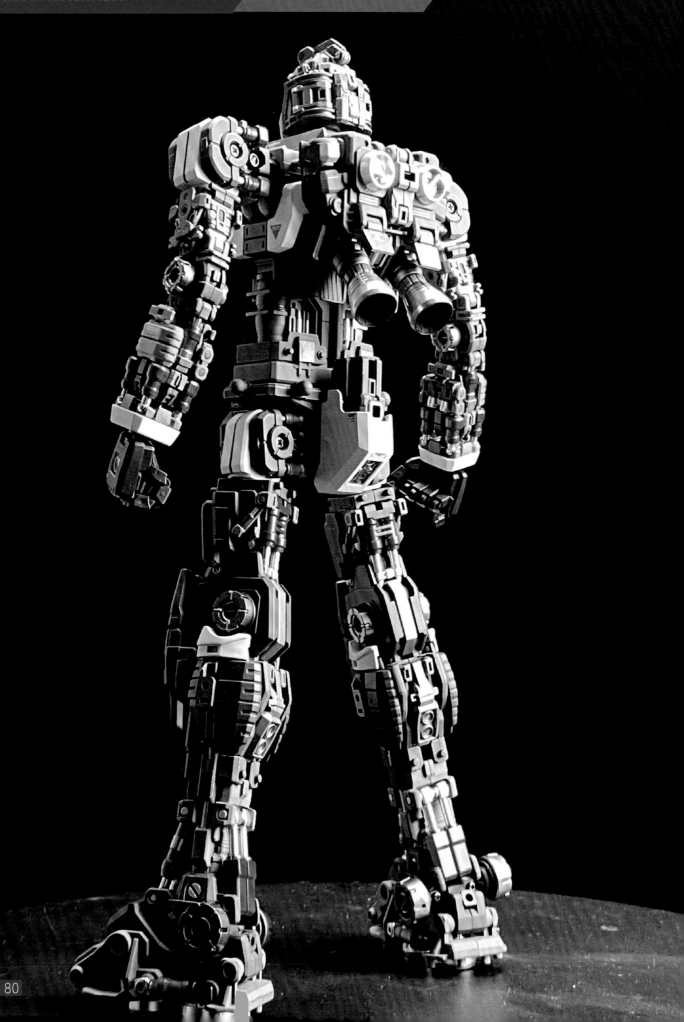

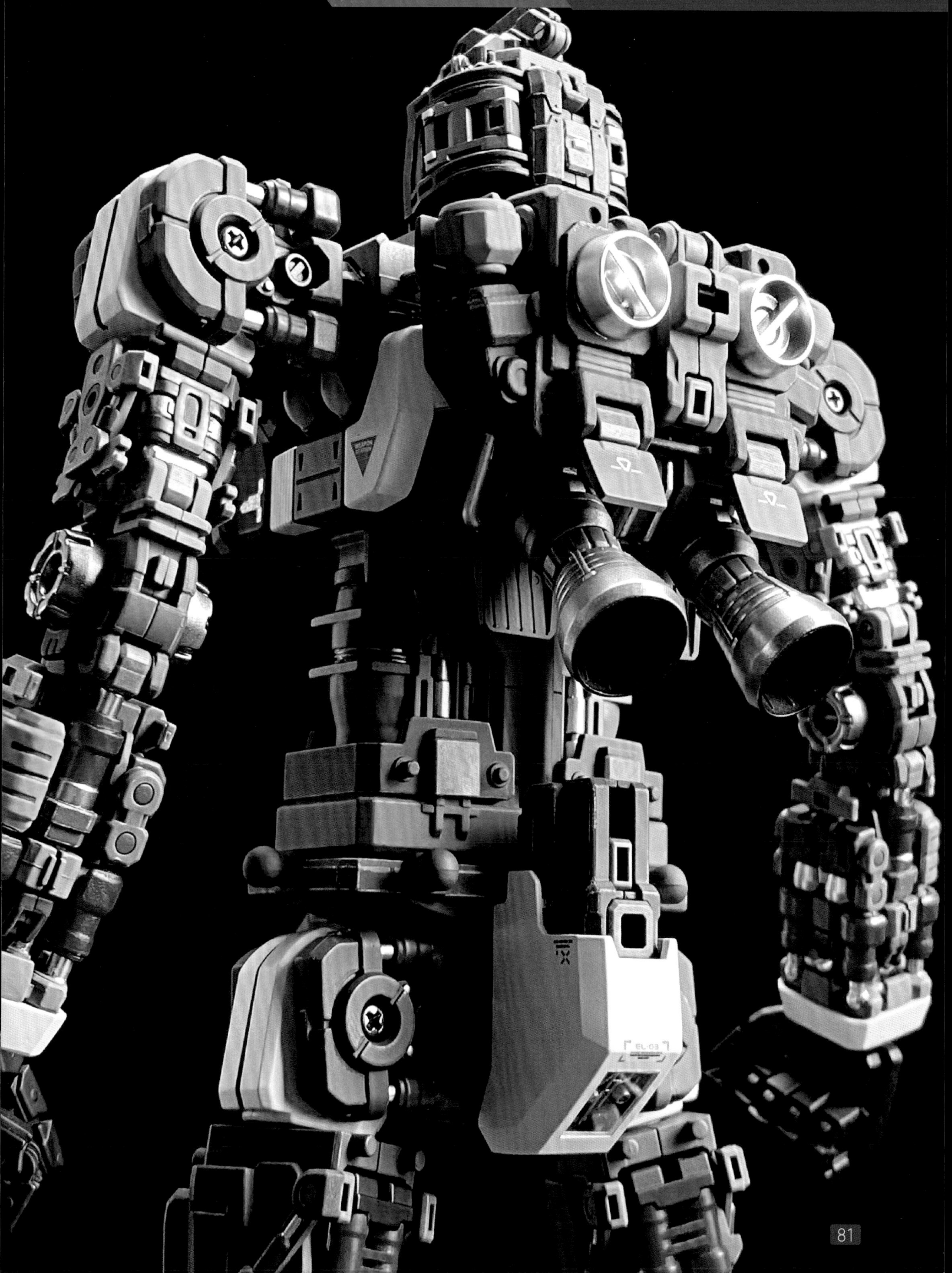

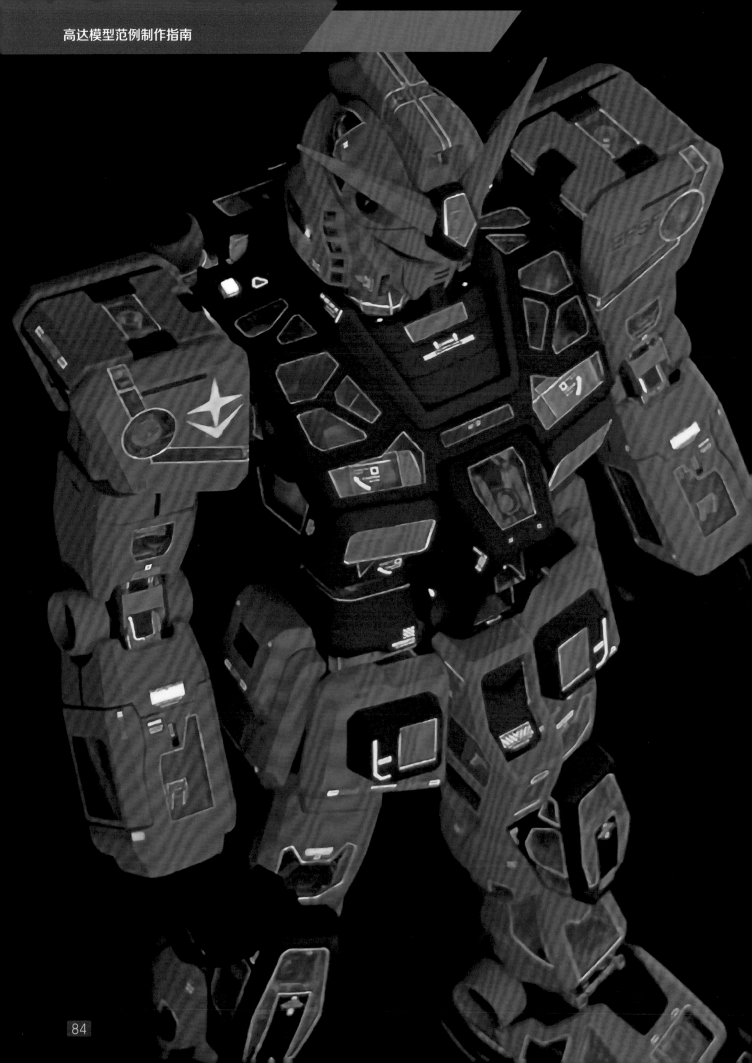

第5章

学员作品赏析

黄志海，来自广东省佛山市。我从一个模型交流群得知虾哥的"觉醒模型班"课程，于是立刻报了班。学习后才懂得打磨、刻线、喷漆、渍洗、旧化、场景等制作技巧。

梁富源，来自广东省佛山市。虾哥说：你在这个模型里花多少心思，最后模型就会呈现多少效果。这句话再一次提醒自己以后的路该怎么走。

蔡荣杰，来自广东省中山市。感谢虾哥的"觉醒模型班"，让我走上了一条正确的模型制作之路。

陈树辉，来自广东省中山市。在家人的支持下，
我来到了"觉醒模型班"。经过一年多的刻苦学习，
终于学到很多制作技法。

吕富沛，来自广东省珠海市。来到"觉醒模型班"后重新学习了矫正打磨和剪件的技法，并首次接触了无缝、刻线、喷涂、笔涂和渗线，让我在学习技巧和工具选择上少走了弯路。

田霞（觉醒的十二妹）。希望有更多的女生加入"觉醒模型班"的大家庭。第一次接触高达模型制作时，觉得并不难，但和朋友聊天中，才真正了解了高达模型。之后在制作过程中，经历的每一个步骤都有不同的难题，幸亏有虾哥帮忙指导解答，才能渡过难关。

胡文滔，来自广东省中山市。无意中，我看到了虾哥的模型视频教程，并被深深地吸引了，后来又知道虾哥也是中山人，感觉很投缘。之前我尝试过喷涂，但漆面效果一直不满意，得到虾哥指导后，自己的喷涂技法终于有了提升。

高俊杰。当时我抱着学习的心态来到了"觉醒模型班",让我印象深刻的是完成场景制作后,那种成功的喜悦,久久不能忘怀。

陈少君，来自广州市。虾哥说过：你给了模型多少爱，最后都会反馈给自己。完成作品后，我才深刻地感受到这句话的含义。

　　阮格深，来自广东省阳江市。从初中开始，我就非常向往着专业的模型制作，现在终于完成了梦想，非常感谢"觉醒模型班"提供的这个平台，让热爱高达的人可以在这里学习模型制作技巧，认识一群志同道合的朋友。

李俊洪，来自广东省中山市。原本只会模型
素组的我，现在可以完成打磨、刻线、涂装等，
非常感谢虾哥的指导。

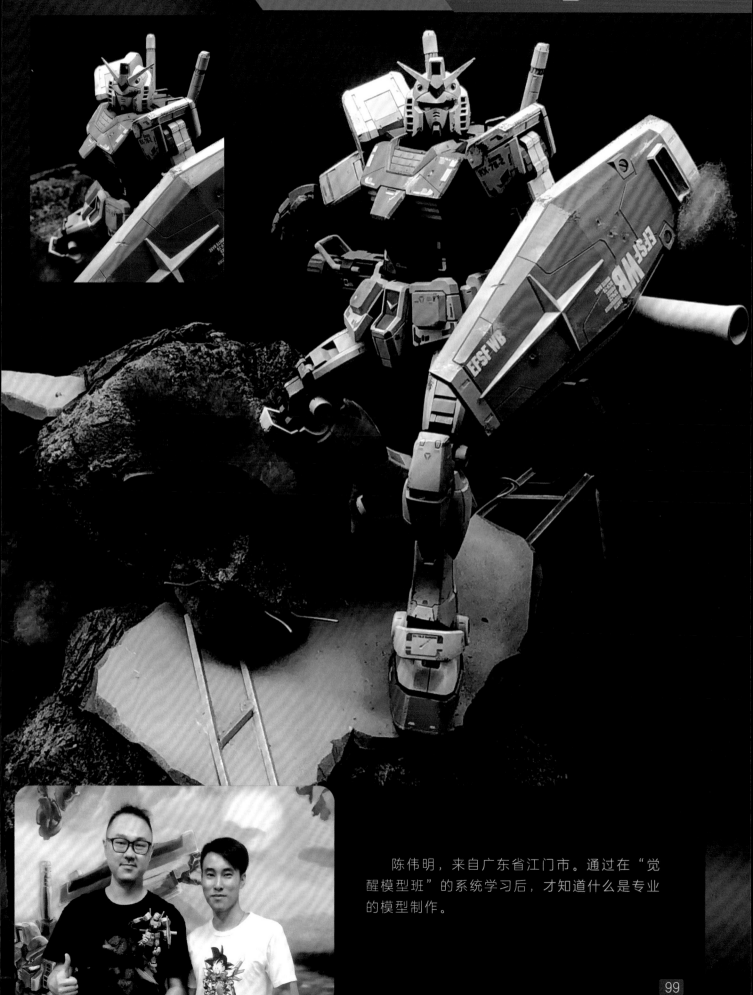

陈伟明，来自广东省江门市。通过在"觉
醒模型班"的系统学习后，才知道什么是专业
的模型制作。

陈德宏，来自深圳市。接触模型是"自愈之道"。打个比方：我就是病人，模型是药，觉醒是医院，师傅师娘是医生。当初面临家庭和事业相继出现问题，我陷入了很长一段抑郁期，后来开始接触模型，才发现它可以缓解我的心情。

黄日中，来自广东省广州市。一直没有系统地研究怎样去制造模型。在觉醒学习后，有一种很少见的状态，就是同学们来自不同的地区，有着不同的年龄段。在我接触的每个人中，都有不一样的故事。非常感谢"觉醒模型班"给我提供了一个学习与快乐并存的生活环境。

黄永安，来自广东省珠海市。从高中时期开始，自己就喜欢拼装高达模型，那时也没有掌握什么技巧。在"觉醒模型班"学习后，我掌握了喷涂等技巧。虾哥还时不时教我各种制作技巧，非常感谢他的帮助。

　　郑文正，来自广东省中山市。以前都是在网络上收看视频教程，之后加入"觉醒模型班"，学习到了模型的制作流程和标准的技法。从水口处理、打磨、刻线，到喷涂、做旧、场景等。虾哥也经常问我：你这个模型和场景整体想表达什么，而你要做的就是通过细节表现出来。他的指导使我受益匪浅。

　　杨熹嘉、张文玲，来自贵州省。从《高达模型制作技巧指南（第2版）》开始，我们踏上了模型制作之路。"觉醒模型班"有师傅师娘的辛勤耕耘，有充满爱的课堂，有用心的师兄弟们。"觉醒模型班"让来自天南海北的朋友们聚在一起，感恩相遇，不负相见。

林荣建，来自广东省中山市。最早我对于模型的认知还只是普通的玩具，之后就深入模型圈，在"觉醒模型班"学到了很多重要的知识。在跟着虾哥学习后，现在对于模型知识有了深入的了解。做模型终究是手艺活，要勤于练习。

蓝海晨，来自浙江省。第一次看到《高达模型制作技巧指南》后，书中大量的干货与技巧，让我隐约地意识到模型不仅仅是玩具，也使我第一次走向了模型制作的道路。在父母的支持下，我如愿来到了"觉醒模型班"，并在模型制作上取得了长足的进步。

RX-79[G]Ez-8

08

　　高伟健，来自广东省中山市。模型的意义在于：它让我感受到，自己拥有无限的可能，只要去努力学习，就会有回报！

　　林铭，来自广东省广州市。从小学起，我就接触了高达模型，一直以来也只是停留在素组过程，直到大学期间，我下定决心开始喷涂模型。开始时从网络上找模型学习技法，但效果十分糟糕，在我与家人商议后，趁着毕业后这段时间，我来到了"觉醒模型班"，经过师傅亲自指导示范，我的模型制作技巧得到了提高。

陈嘉豪，来自广东省中山市。我制作高达模型有两年时间了。因为想跟随名师系统学习模型制作，所以来到了"觉醒模型班"，由虾哥直接指导的这段时间，我学会了很多模型制作技巧，今后还会跟着虾哥学更多的知识。

2022年万代GBWC高达世界杯华南区初级组亚军

叶志勇，来自广东省佛山市。我从课程开始前的迷茫，到完整制作出第一个作品，这种感觉真的很棒。看着自己的作品真的很有满足感。虽然还有很多瑕疵，但是今后会努力把自己的作品打磨得更好。